草地贪夜蛾

CAODI TANYE'E

JIANCE YU FANGKONG JISHU SHOUCE

监测与防控技术手册

全国农业技术推广服务中心　组编

杨普云　魏启文　朱恩林　主编

中国农业出版社

北　京

序

PREFACE

　　草地贪夜蛾［*Spodoptera frugiperda*(Smith)］隶属于鳞翅目夜蛾科灰翅夜蛾属，原生于美洲热带和亚热带地区，是玉米等粮食作物的重大致灾害虫。2019年1月首次发现入侵我国云南省，截至6月底已在我国19个省份发现为害玉米、高粱、甘蔗等作物，预测将进一步蔓延扩散至黄淮海夏玉米主产区和北方玉米主产区，对我国玉米等作物生产安全构成严重威胁。该虫将成为我国"北迁南回"的又一个常发性重大害虫。

　　面对草地贪夜蛾暴发为害的严峻态势，习近平总书记和李克强总理等中央领导同志作出重要指示和批示。农业农村部两次召开全国草地贪夜蛾防控工作视频会，落实推进各项工作部署，把防控草地贪夜蛾作为当前农业农村工作的大事要事急事来抓。要求各级农业农村部门坚持底线思维，全面监测预警，及时有效处置，按照严密监测、全面扑杀、分区施策、防治结合的要求，全面准确监测预警，及时有效防控处置，确保草地贪夜蛾不大规模迁飞为害，确保玉米不大面积连片成灾，最大限度减轻灾害损失。

　　农业农村部种植业管理司组织全国农业技术推广服务中心、

中国农业科学院植物保护研究所和云南省植保植检站等有关科研和推广机构的专家，通过查阅国内外有关文献资料，结合我国的防控实际经验，编写了《草地贪夜蛾监测与防控技术手册》一书。从草地贪夜蛾形态特征与识别、生活史与为害规律、监测调查技术、综合防治技术、分区治理对策和农民常见的防控技术问题6个方面，介绍了草地贪夜蛾监测和防控技术。

　　该技术手册内容丰富、实用性强，它的出版为我国植保技术人员、社会化服务组织和广大农民提供了及时的技术指导，将对促进我国草地贪夜蛾的防控工作发挥重要作用。

中国工程院院士　　吴孔明

2019年6月25日

目 录
CONTENTS

序

一、形态特征与识别 …………………………………… 1

  1.卵 …………………………………………………… 1

  2.幼虫 ………………………………………………… 3

  3.蛹 …………………………………………………… 10

  4.成虫 ………………………………………………… 10

二、生活史与为害规律 ………………………………… 13

  1.生活史 ……………………………………………… 13

  2.寄主植物 …………………………………………… 17

  3.玉米受害关键生育期 ……………………………… 17

  4.为害规律 …………………………………………… 18

三、监测调查技术 ……………………………………… 21

  1.成虫诱集技术 ……………………………………… 21

  2.田间调查方法 ……………………………………… 25

四、综合防治技术 ……………………………………… 33

  1.农业防治 …………………………………………… 33

  2.理化诱控 …………………………………………… 34

3.生物防治 ……………………………………………… 35

4.化学防治 ……………………………………………… 38

五、分区治理对策 ……………………………………… 40

1.防控策略 ……………………………………………… 40

2.分区治理对策 ………………………………………… 40

六、草地贪夜蛾基础知识及常见防控应用技术问答 ……… 43

（一）基础知识 …………………………………………… 43

1.什么是草地贪夜蛾？ ………………………………… 43

2.我国是否能根除草地贪夜蛾？ ……………………… 43

3.被草地贪夜蛾为害的玉米是否可以安全食用？ …… 43

4.草地贪夜蛾会和别的害虫混合发生么？ …………… 44

5.是否有其他害虫和草地贪夜蛾幼虫具有相似的识别特征？……… 44

6.草地贪夜蛾只为害玉米吗？ ………………………… 44

7.只有水稻型草地贪夜蛾才为害水稻吗？ …………… 44

8.草地贪夜蛾雌、雄蛾可以交配多少次？ …………… 45

9.草地贪夜蛾雌虫可以产多少卵？ …………………… 45

10.温度对草地贪夜蛾的发育和生长有何影响？ ……… 45

11.草地贪夜蛾雌虫偏好在玉米、高粱、棉花和大豆的
哪些部位产卵？ …………………………………… 46

12.草地贪夜蛾幼虫喜欢为害玉米的哪些部位？ ……… 46

13.草地贪夜蛾可以在我国哪些区域越冬？ …………… 46

14.草地贪夜蛾可以在我国哪些区域发生和造成危害？ … 47

（二）识别特征 …………………………………………… 47

1.如何识别草地贪夜蛾幼虫？ ………………………… 47

2.如何识别草地贪夜蛾成虫？ ………………………… 48

3.如何分辨草地贪夜蛾和亚洲玉米螟（*Ostrinia furnacalis* Guenée）
雄性成虫？ ·· 49

4.如何分辨草地贪夜蛾和劳氏黏虫（*Leucania loreyi* Duponchel）
雄性成虫？ ·· 49

5.如何分辨草地贪夜蛾和东方黏虫（*Mythimna separata* Walker）
雄性成虫？ ·· 50

6.如何分辨草地贪夜蛾和棉铃虫（*Helicoverpa armigera* Hübner）
雄性成虫？ ·· 50

7.如何分辨草地贪夜蛾和斜纹夜蛾（*Spodoptera litura* Fabricius）
雄性成虫？ ·· 50

8.如何分辨草地贪夜蛾和莴苣冬夜蛾（*Cucullia fraterna* Butler）
雄性成虫？ ·· 51

9.如何分辨草地贪夜蛾和旋幽夜蛾（*Scotogramma trifolii* Rottemberg）
雄性成虫？ ·· 51

10.玉米型草地贪夜蛾和水稻型草地贪夜蛾外形如何区别？ ········ 51

（三）监测与防控技术 ·· 52

1.草地贪夜蛾性诱剂会诱到其他昆虫吗？ ······························· 52

2.如何选择草地贪夜蛾性诱芯？ ··· 52

3.如何选择和装配草地贪夜蛾诱捕器？ ··································· 53

4.一个草地贪夜蛾性诱监测点应该设置多少个性诱装置？ ········ 57

5.草地贪夜蛾监测点应该何时设置为宜？ ······························· 57

6.作监测用的草地贪夜蛾性诱捕装置设置高度和密度是多大？ ··· 57

7.草地贪夜蛾性诱捕器的设置方式在高、矮作物上是否有不同？ ··· 57

8.设置草地贪夜蛾性诱捕装置如何防止相互干扰？ ·················· 59

9.小农户如何快速了解自家地里草地贪夜蛾的为害情况？ ········ 59

10.为什么要抓住幼虫三龄以前防治草地贪夜蛾？ ···················· 61

11.白僵菌和绿僵菌等生物制剂有什么特点，是否可以和
化学杀虫剂混用？ ··· 61

12. 用性诱剂监测防控草地贪夜蛾为什么有时效果不理想？ ·····61

13. 为什么同一地区尽量避免晚种和交替种植？ ·······61

14. "推拉"（趋避-诱集）技术的原理是什么？
应用前景如何？ ··················62

15. 是否建议针对防治草地贪夜蛾进行空中施药？ ···········62

16. 草地贪夜蛾药剂防控中有哪些注意事项？ ··········62

17. 在我国防控草地贪夜蛾为什么要实施分区治理的策略？
每个区域的策略有什么侧重点？ ·········62

18. 各地制订草地贪夜蛾防控技术方案时有什么注意事项？ ·····63

19. 农业技术人员要知道什么才能做好草地贪夜蛾的宣传、
培训和防控工作？ ···············63

主要参考文献··················64

一、形态特征与识别

1. 卵

　　草地贪夜蛾产卵方式为聚集产卵，主要产在玉米叶片的正面或背面，对喇叭口期玉米则偏好产于喇叭口周围。卵块表面有时覆盖白色绒毛，单块卵粒100～200粒不等，卵粒直径0.4毫米，高约0.3毫米，底部扁平，呈圆顶形，卵粒表面具放射状花纹，并具有光泽。初产卵粒为淡绿色，逐步变为褐色至黑色，卵壳为白色。

产在玉米喇叭口周围的卵块

卵　粒

卵　块

白色覆盖物及初孵幼虫

2. 幼虫

幼虫一般有6个龄期，体色多变，常见墨绿色、褐色、淡黄色、灰黑色。口器下口式；单眼6个，位于头部两侧；前胸背面骨化成前胸盾，背侧有白色纵线，与头部的白色蜕裂线、傍额片形成倒Y形纹，前胸盾于头部相融合，即将蜕皮时与头部分离；体表具黑色或褐色毛瘤，每个毛瘤附着灰黑色原生刚毛1根，偶见2根，第八腹节背侧的4个毛瘤排列成正方形；气门椭圆形；胸足3对，低龄幼虫为灰色，高龄幼虫一般为黄褐色，但幼虫体色多变，腹足4对，基部为灰色。一至二龄幼虫自相残杀习性不明显，可聚集为害，三至六龄幼虫自相残杀习性明显，逐渐分散为害。

幼虫体色多变

 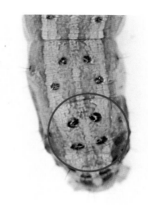

幼虫头部的 Y 形纹　　幼虫第八腹节的 4 个毛瘤排列成正方形

低龄幼虫背面观

 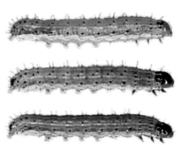

低龄幼虫侧面观

（1）一龄幼虫

初孵幼虫灰色，头部有光泽，体长1～2毫米。头壳黑色或黑褐色，宽0.3～0.4毫米。背线、亚背线与气门线不明显，前胸盾形骨片黑色，中胸节与后胸节背面小黑点成一排。胸足黑色，腹足灰色，腹足趾钩数一般为5～6个，臀板灰色。幼虫孵化后吃掉卵壳，随后吐丝下垂，分散取食玉米幼嫩部位。随着幼虫取食，体长逐渐增加至2.5毫米左右。体色随取食寄主植物的不同组织而变化，如取食喇叭口期玉米的一龄幼虫为淡黄色或黄绿色。此时无自相残杀习性，可聚集为害。

一龄幼虫

（2）二龄幼虫

体色白色或淡黄色，体长2.5～5毫米。头壳褐色或黑色，Y形纹不明显，宽约0.5毫米。背线、亚背线与气门线明显，均为白色。腹部气门线与气门上线多有红褐色斑纹，第七至九腹节较深。第一腹节气门上方和

二龄幼虫

后方均有1个小黑点，上方小黑点较大且周围有红褐色斑纹。随

体长增加，前胸盾形骨片与头分离，第一胸节侧面靠近头壳有3个纵向排列的气门，后侧有3个小黑点，无刚毛。胸足黑色，腹足基部为灰色，腹足趾钩数一般为8～10个，臀板灰黑色。幼虫有吐丝习性，自相残杀习性不明显。

（3）三龄幼虫

背面体色绿色、褐色，腹面为白色，体长5～9毫米。头壳褐色或黑色，宽约0.8毫米，头部蜕裂线与傍额片为淡白色或淡黄色，形成明显的Y形纹，头壳两侧开始出现网状纹。背线、亚背线与气门线均为白色，各线附近均有零星红褐色斑纹。第一胸节靠近头部的3个气门和3个小黑点消失。腹部气门线与气门上线为红褐色斑纹。胸足黑色，腹足灰色，第一至四腹足趾钩数10～14个，臀板灰黑色。前期仍有吐丝习性，表现出自相残杀习性。

三龄幼虫

（4）四龄幼虫

体色绿色、褐色或灰黑色，体长9～15毫米。头壳黑色或褐色，宽约1.2毫米，头壳两侧网状纹和Y形纹明显，呈白色。背线、亚背线和气门线白色或淡黄色，气门线与气门下线之

四龄幼虫

间为较淡的红褐色。气门线与背线之间为淡绿色与红褐色相间，背侧线之间为灰色或灰绿色，并夹杂红褐色和白色。腹部体节侧面红褐色斑纹消失。胸足黑色，基部灰色，第一至四腹足趾钩数11～15个，臀板灰黑色。自相残杀习性明显。

（5）五龄幼虫

体色褐色或黑色，体长15～30毫米。头壳褐色或黑色，宽约2毫米，白色Y形纹明显，头壳网状纹向头顶延伸至蜕裂线。背线、亚背线和气门线为淡黄色，贯穿胸部和腹部各体节。背侧线之间为红褐色，夹杂白色和灰绿色；背侧线与气门线之间为灰绿色，夹杂白色；气门线与气门下线之间为红褐色，夹杂白色。第一胸节靠近头部有3个红褐色气门片和3个小黑点。胸足淡黄色，腹足趾钩数17～18个。自相残杀习性明显。

五龄幼虫

（6）六龄幼虫

体色多为褐色，体长30～40毫米。头壳褐色至黑色，网状纹明显，宽约2.8毫米，Y形纹明显。背线、亚背线和气门线淡黄色。背侧线之间为红褐色，

六龄幼虫

夹杂白色。气门线至背侧线之间为灰绿色，夹杂红褐色和白色。气门线与气门下线为红褐色和白色。在胸部和腹部节间，两侧腹足之间以及胸部体节背面均有排列整齐的细小黑点。老熟幼虫不再取食，从为害部位转移至地面，钻入地下筑蛹室化蛹。

草地贪夜蛾幼虫与相近的鳞翅目昆虫形态特征的比较见表1。

表1　草地贪夜蛾与3种为害玉米的鳞翅目昆虫形态特征比较

种类	龄期	头部	体色	虫体特征	老熟幼虫体长
草地贪夜蛾	六	青黑色、橙黄色或红棕色，高龄幼虫头部有白色或浅黄色倒Y形纹	黄色、绿色、褐色、深棕色、黑色	腹节每节背面有4个长有刚毛的黑色或黑褐色斑点。第八、九腹节背面的斑点显著大于其他各节斑点，第八腹节4个斑点呈正方形排列	30~36毫米
甜菜夜蛾	五	黑色、淡粉色	体色多变，绿色、暗绿色、黄褐色、褐色至黑褐色	背线有或无，颜色多变，各节气门后上方有1个明显白点，体色越深，白点越明显。气门下线为明显的黄白色或绿色纵带，有时带粉红色，纵带直达腹末	22~30毫米
斜纹夜蛾	六	黑褐色，高龄幼虫头部有白色或浅黄色倒Y形纹	体色多变，淡灰绿色、黑褐色、暗绿色、黄绿色等	背线、亚背线和气门下线均为灰黄色或橙黄色纵线。从中胸至第九腹节，每一个体节的两侧各有1个近三角形黑斑，其中以第一和八腹节的最大、最明显	35~47毫米
黏虫	六	棕褐色，高龄幼虫有明显的棕黑色"八"字形纹	体色鲜艳，由青绿色至深黑色	背中线白色，边缘有细黑线，背中线两侧有2条红褐色纵条纹，上下镶有灰白色细条，气门线黄色，上下有白色带纹，腹足外侧具有黑褐色斑	24~40毫米

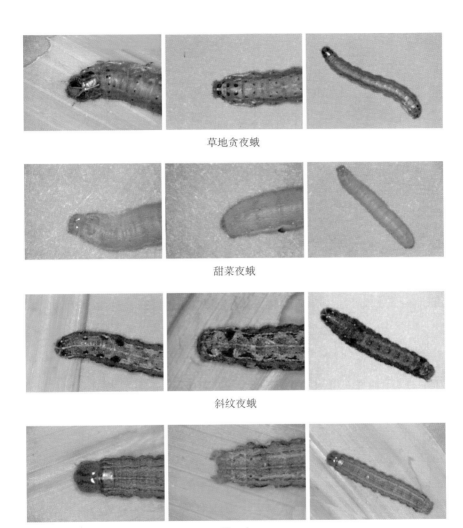

草地贪夜蛾

甜菜夜蛾

斜纹夜蛾

黏　虫

草地贪夜蛾与3种为害玉米的鳞翅目昆虫形态特征比较
（引自郭井菲等，2019）

3.蛹

被蛹，椭圆形，体长15～17毫米，体宽4.5毫米，化蛹初期体色淡绿色，逐渐变为红棕色至黑褐色。第二至七腹节气门呈椭圆形，开口向后方，围气门片黑色，第八腹节两侧气门闭合。第五至七腹节可自由活动，后缘颜色较深，第四至七腹节前缘具磨砂状刻点。腹部末节具两根臀棘，臀棘基部较粗，分别向外侧延伸，呈"八"字形，臀棘端部无倒钩或弯曲。

蛹

4.成虫

（1）雌虫

翅展32～40毫米，头、胸、腹、前翅均为灰褐色。前翅狭长。环形纹、肾形纹明显，环形纹内侧为灰褐色，边缘为黄褐色；肾形纹灰褐色，边缘为黄褐色，不连续。肾形纹与环形纹由一条白色线相连，外缘线、亚缘线、中横线、内横线明显。外缘线黄白色，亚缘线白色，中横线黑色波浪状，内横线黑褐色。前翅顶角处靠近前缘有一白色斑，较雄虫小且不明显；前缘至顶角处有4个黄褐色斑点；前翅缘毛灰黑色。后翅为淡白色，顶角处有一灰色斑纹并向臀角延伸。后翅外缘线白色，缘毛黄白色。腹部末节鳞毛较雄虫短，背面为灰色，腹面观前翅外缘线白色，内侧有不连续的三角形黑斑。腹面观前胸、中胸鳞毛红褐色，颜色较浅，腹部为红褐色，两侧有4个黑色斑点。

（2）雄虫

翅展32～40毫米，头、胸、腹灰褐色。前翅狭长，灰褐色，夹杂白色、黄褐色与黑色斑纹。环形纹、肾形纹明显，环形纹黄褐色，边缘内侧较浅，外侧为黑色至黑褐色，环形纹上方有一黑褐色至黑色斑纹；肾形纹灰褐色，前后各有一黄褐色斑点，后侧斑点较大，前后两侧均有一白斑，后侧白斑狭长，可与环形纹相连，渐变为黄褐色。前翅顶角处有一较大白色斑纹；外缘线黄褐色，颜色较浅，缘毛黑褐色，外缘线与亚缘线翅脉间有"工"字形黑色斑点。前翅肩角处有黑色内凹线条，呈月牙形，前缘靠近顶角处有4个黄褐色斑点；腹面观前翅外缘线内侧有三角形黑色斑点。后翅淡白色，后翅顶角处有一灰色斑纹，向臀区延伸，呈灰色条带，外缘线白色，缘毛淡黄色或白色。腹部生殖节鳞毛较长，为黄褐色或红褐色；后翅腹面前缘内侧至顶角处为淡黄色，有黑色细小斑点，后缘灰色斑点不连续。腹面观前胸和中胸红褐色颜色较深，且有灰黑色鳞毛，腹部为红褐色，两侧各有1排黑色斑点。

雄虫背面观（红圈示大白斑）

雌虫背面观

雄虫腹面观

雌虫腹面观

二、生活史与为害规律

1. 生活史

草地贪夜蛾的一生包括4个阶段：卵、幼虫、蛹和成虫。

卵：通常产在玉米植株下部叶片的背面，靠近叶片与茎秆的部位。在种群数量大的时候，卵则产在植株上部叶片的端部，甚至附近的植被上。卵呈块状，卵表面有的有鳞毛覆盖，有的无鳞毛覆盖，通常每块卵有100～200粒，初产时为白色或浅绿色，孵化前渐变为棕色。单头雌蛾一生平均产卵1 500粒，最高可达2 000粒。在温暖的条件下，卵只需2～3天就可以孵化。

有鳞毛覆盖的卵块

无鳞毛覆盖的卵块

正在孵化的卵块

幼虫：幼虫孵化后爬入心叶中为害，会随风扩散到其他玉米植株上为害。幼虫有6个龄期，三龄后自相残杀现象明显，通常一株玉米心叶中只剩1～2头幼虫。老熟幼虫体长30～40毫米，体色多变，有浅棕色、绿色和灰黑色。大龄幼虫头部有一淡色的倒Y形纹，腹末节背面有4个黑斑呈正方形排列。幼虫期14～22天，老熟幼虫从植株上脱落进入土壤中化蛹。

六龄幼虫

蛹：幼虫通常在2～8厘米深的土壤表层化蛹，化蛹时常会做一个松散的茧，也有少量在玉米果穗穗轴中化蛹。如果土壤太硬，老熟幼虫会与玉米叶片残体和其他材料形成一个茧在地表化蛹。夏季蛹期一般为8～9天，冬季20～30天。

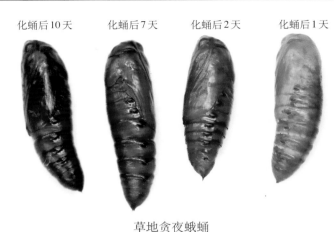

化蛹后10天　　化蛹后7天　　化蛹后2天　　化蛹后1天

草地贪夜蛾蛹

成虫：成虫白天常隐藏在玉米心叶中，夜间活动，在温暖和潮湿的傍晚更为活跃。成虫的产卵前期3～4天，多数卵产在产卵的前5天，也有部分成虫的产卵期可长达3周。成虫的平均寿命是10天，最长可达21天。草地贪夜蛾的发育速度受食物、温度和湿度的影响。幼虫发育的最适温度为28℃（适生温度为11～30℃）。在夏季温暖条件下，卵期、幼虫期、蛹期和成虫期分别为2～3天、13～14天、7～8天和10天左右。草地贪夜蛾对温度的适应性强，11～30℃都是其适

白天成虫躲藏在玉米心叶中

宜的温度范围，在28℃条件下，30天左右即可完成1个世代。

2. 寄主植物

草地贪夜蛾是多食性害虫，据报道在美洲的寄主植物多达75科353种，喜欢取食禾本科植物，其禾本科寄主植物就有105种，包括玉米、谷子、高粱、水稻、小麦和甘蔗等，在其他农作物，如豇豆、花生、马铃薯、大豆和棉花上也发现有取食为害情况。其他寄主植物包括大麦、狗牙根、三叶草、燕麦、黑麦草、甜菜、苏丹草和烟草；有时也为害苹果、葡萄、柑橘、木瓜、桃、草莓和一些花卉；一些杂草如马唐属、石茅、蕹菜、香附子、苋属、藜藜草属也是其寄主植物。如果不是在玉米、高粱、小麦、谷子或水稻上而是在其他植物上发现疑似草地贪夜蛾的幼虫，应当进行分子生物学检测，来准确确定该植物是否是草地贪夜蛾的寄主植物。

3. 玉米受害关键生育期

草地贪夜蛾幼虫从玉米出苗开始到抽雄和穗期都可以为害。播种晚的田块和晚熟的杂交种更易受害。草地贪夜蛾几乎在玉米的所有生长阶段都能为害，但集中在播种晚还没有吐丝的植株上为害。当雄穗从心叶中抽出时，幼虫被从心叶中带出，在果穗没有长出前，这些大龄幼虫白天藏在叶腋处。穗期大龄幼虫或在植株上新孵化的幼虫迅速转移到正在发育的果穗上为害。低龄幼虫通常从花丝部位进入果穗，而大龄幼虫则咬食苞叶或穗柄，钻蛀到果穗下部，直接取食正在发育的籽粒。

玉米幼苗被害状

4. 为害规律

草地贪夜蛾幼虫喜食玉米，也在谷子、高粱、水稻、小麦、甘蔗、野生杂草和一些蔬菜上为害。该害虫在作物不同发育阶段都可为害，从早期的营养生长阶段一直到生理成熟阶段。草地贪夜蛾可以咬断玉米幼苗，导致重新种植，可以为害叶片，影响作物籽粒灌浆。

幼虫孵化后，可以从卵所在的植株上迁移到附近的植株上。在玉米和高粱上，低龄幼虫啃食叶片，留下一层薄膜，造成严重的窗孔状，是心叶初期最典型的被害状。通常在同一植株上有多头低龄幼虫为害，随着幼虫的生长，逐渐向周边的植株转移为害，一株玉米上仅有1～2头大龄幼虫，大龄幼虫咬食造成的孔洞较大，导致心叶破烂，并伴有大量的锯末状虫粪，严重被害地块像是受过雹灾一样。白天幼虫藏在心叶深处。在心叶中取食为害，可对花丝和正在发育的雄穗造成严重损害，进而影响果穗受精。抽雄后幼虫转移到果穗部位，开始为害果穗。幼虫也可以取食花丝，影响授粉。为害穗轴可诱发真菌感染和霉菌产生毒素，影响籽粒品质。

被害叶片呈窗孔状

大龄幼虫咬食心叶及锯末状虫粪　　　　　　幼虫为害花丝

幼虫为害雄穗　　　　　　　　　幼虫为害果穗

三、监测调查技术

按照早发现、早报告、早预警的要求，组织植保专业技术人员鉴定确认草地贪夜蛾虫情，按照统一标准和方法开展联合监测，全面掌握草地贪夜蛾发生发展动态，及时发布预报预警。

1. 成虫诱集技术

（1）黑光灯诱集成虫

在玉米等主要寄主作物田周围设置1台测报灯，灯管与地面距离为1.5米。灯具安置处要求周围100米范围内无高大建筑遮

黑光灯诱集成虫

挡，且远离大功率照明光源，避免环境因素降低灯诱效果，且每年更换一次灯管。成虫诱测需逐日统计诱集数量，并将雌蛾、雄蛾分开记录。单日诱虫量出现突增至突减之间的日期，记为发生高峰期（或称盛发期）。周年繁殖区和迁飞过渡区（长江以南省份）建议全年开灯监测，重点防范区4～10月开灯监测。

（2）高空测报灯诱集成虫

在迁飞性害虫通道地区设置一体式高空测报灯，可设在楼顶、高台等相对开阔处，或安装在病虫观测场内，要求其周边无高大建筑物遮挡和强光源干扰。开灯观测时间和记载方法同黑光灯，此灯具结果可用于区域种群监测。

高空测报灯诱集成虫

（3）性诱剂诱集成虫

在玉米等寄主作物全生育期，设置罐式诱捕器，诱芯置于诱捕器内，每日上午检查记载诱到的蛾量。每块田设3个重复，苗期玉米等低矮作物田在田块内部呈三角形放置，相邻2个诱捕器间距大于50米，每个诱捕器与田边距离大于5米，放置高度为距地面1.2米；成株期玉米田，将3个诱捕器直线放置于同一田埂，相邻2个诱捕器间距大于50米，距田边1米左右，放置高度为高出植株冠层20厘米。诱芯每隔30天更换1次。虫量少时5天调查1次，虫量多时1～2天查1次。

玉米苗期诱捕器放置高度

玉米成株期诱捕器放置高度

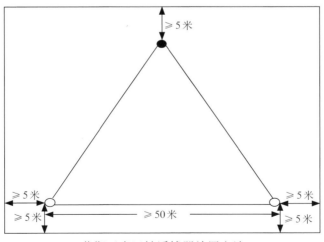

苗期玉米田性诱捕器放置方法

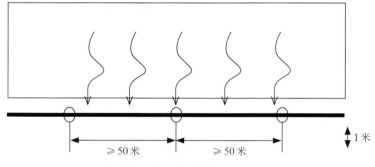

成株期玉米田性诱捕器放置方法

（4）雌蛾卵巢解剖

雌蛾卵巢发育级别，可以推测迁飞性害虫的种群性质和迁飞动向，为其预测预报提供重要信息。可根据卵巢的形状、卵粒发育状态以及卵黄沉积情况等指标，对草地贪夜蛾雌蛾的卵巢进行级别划分。在成虫盛发期或峰日，从两种灯具（黑光灯和高空测报灯）下取20头雌蛾，解剖检查每头雌蛾的卵巢发育级别和交尾情况，判别发育级别。如果卵巢发育级别较低，意味着此批种群有迁飞外地的可能，需继续监测；如果级别较高，成虫将宿留在当地繁殖后代，由此做出当代幼虫发生为害的预报。

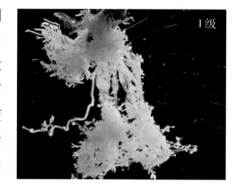

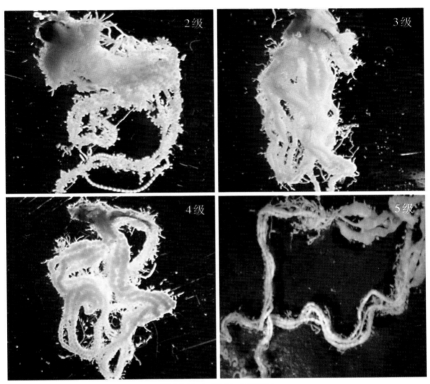

雌蛾的卵巢发育级别

2.田间调查方法

（1）受害株调查

在玉米出苗至成熟期进行调查，每块田5点取样（苗期W形、成株期梯形），每点至少调查10株。调查叶片、心叶、茎秆、雄穗、花丝、雌穗、茎基部等部位，观测叶片出现窗孔状或大小不一的孔洞，心叶、雄穗、花丝、雌穗等处有锯末状黄褐色粪便，茎秆、茎基部的孔洞及其造成的枯心苗。

叶片窗孔状

全田玉米叶片窗孔状

叶片孔洞状

心叶受害状

雄穗受害状

花丝受害状

果穗受害状

玉米茎基部孔洞

玉米枯心苗

（2）卵调查

在灯诱或性诱捕获一定数量的成虫（始盛期）、雌蛾卵巢发育级别较高时，开始田间查卵，5天调查1次。与受害株调查同时

玉米叶片上的卵块

进行，田间取样方法同受害株调查。每株查看植株叶片正面、背面和叶基部与茎连接处的茎秆上的卵块，记载有卵株率、每株卵块数，计算百株卵块和平均卵粒数。卵初产时为浅绿或白色，孵化前渐变为棕色，依此估算卵孵化期。

（3）幼虫调查

与受害株调查同时进行，田间取样方法同受害株调查。幼虫虫量调查自卵始盛期开始，5天调查1次，直至幼虫进入高龄期止。观察发现为害状后，再观测和剥查叶片正反面、心叶、茎秆、雄穗苞、花丝、果穗和茎基部中幼虫数量，根据头宽和体长（表2）判断龄期，记载计算有虫株率、平均百株虫量和龄期。

表2　草地贪夜蛾一至六龄幼虫平均头宽和体长

单位：毫米

龄期	一龄	二龄	三龄	四龄	五龄	六龄	参考文献
头宽	0.3～0.4	0.5	0.8	1.2	2.0	2.8	赵胜园等，2019
	0.35	0.45	0.75	1.3	2.0	2.6	Pitre and Hogg, 1983
体长	2.5	3～6	6～11	12～20	20～35	35～45	赵胜园等，2019
	1.7	3.5	6.4	10.0	17.2	34.2	Pitre and Hogg, 1983

孵化出的一龄幼虫

（4）蛹调查

当地幼虫进入老熟期7天后调查，间隔时间依据不同季节蛹期长短不同而定，夏季为8～9天，春、秋季为12～14天，天气冷凉季节可达20～30天。调查受害株下2～8厘米深的土表层，或观察玉米雌穗上是否有虫蛹。田间取样方法同幼虫调查，记载计算平均百株蛹量。

一龄
二龄
三龄
四龄
五龄
六龄
老熟幼虫
预蛹
蛹

一至六龄幼虫、预蛹和蛹

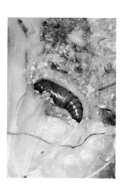

土壤表层和玉米雌穗上的蛹

四、综合防治技术

1. 农业防治

（1）调整玉米播种期

可以通过调整作物播种期、适期提早播种，使草地贪夜蛾的幼虫期与玉米的苗期至抽雄吐丝期错开，同时避免交错种植，以避免持续为草地贪夜蛾提供理想的寄主植物（即玉米幼株）。

（2）栽培措施

加强田间管理，保持土壤肥力和水分充足，促进玉米健康生长，提高玉米对草地贪夜蛾的抗性和耐受性。

（3）利用植物多样性

利用植物多样性，保持田间植物多元化也有助于减少草地贪夜蛾侵扰，并为自然天敌提供栖息场所。例如，利用"推拉"伴生种植策略（"Push-Pull" companion cropping，趋避-诱集技术）防治草地贪夜蛾已经在非洲国家取得很好的成效。在我国，对于有一定种植规模的家庭农场、农民专业合作社，可种植多个品种的玉米，或将玉米与趋避害虫、吸引天敌的其他植物进行间作或轮作。

"推拉"技术田间示范

2. 理化诱控

（1）光源诱杀

利用草地贪夜蛾的趋光性诱杀成虫。在成虫发生期，可集中连片使用黑光灯诱杀，通过控制成虫的数量，来减少产卵量。

（2）食源诱杀

应用糖醋液等食诱剂诱杀草地贪夜蛾成虫。集中连片使用，通过控制成虫的数量，来减少成虫产卵量。

（3）性信息素迷向

在成虫发生期，可集中连片使用性信息素迷向技术，干扰草地贪夜蛾的成虫交配，减少成虫有效产卵量，降低田间草地贪夜蛾种群密度。

3.生物防治

（1）保护利用自然天敌

草地贪夜蛾的天敌资源丰富，其寄生性天敌有夜蛾黑卵蜂（*Telenomus remus* Nixon）、岛甲腹茧蜂（*Chelonus insularis* Cresson）、缘腹绒茧蜂 [*Cotesia marginiventris* (Cresson)] 等寄生蜂和一些寄蝇。捕食性天敌有螳螂、猎蝽、花蝽、蜘蛛、蚂蚁、草蛉、胡蜂等。田边地头种植显花植物，特别是花期较长的植物，如许多野草或某些药用或调味用植物，可为草地贪夜蛾天敌提供花蜜。芫荽、苋菜、芸香等植物能够招引天敌。

蝎蝽捕食草地贪夜蛾幼虫

蠼　螋　　　　　　　　　　正在捕食草地贪夜蛾的胡蜂

正在捕食初孵幼虫的蝽

寄生蜂幼虫

（2）人工释放天敌

可以从我国已有的天敌昆虫中进行筛选，或考虑从美洲引入一些与草地贪夜蛾协同进化的天敌，通过驯化并大规模饲养后进行田间投放。最新研究发现，将原产于美洲的夜蛾黑卵蜂引入非洲后对草地贪夜蛾起到了较好的控制作用。在拉丁美洲，短管赤眼蜂（*Trichogramma pretiosum* Riley）等赤眼蜂已经被证明对草地贪夜蛾有较好的防治作用，并实现了商业化生产。我国也是利用赤眼蜂防治农林害虫最成功的国家之一，可以从中筛选寄生效果好的赤眼蜂用于草地贪夜蛾的防治。

（3）使用生物农药

生物农药包括真菌、细菌、病毒等昆虫病原微生物，昆虫信息素和植物提取物等。苏云金杆菌（Bt）、球孢白僵菌（*Beauveria bassiana*）、核型多角体病毒以及杆状病毒等生物农药对草地贪夜蛾都有不错的防治效果。此外，类黄酮、双稠哌啶类生物碱、洋椿苦素、柠檬苦素类似物等植物提取物对草地贪夜蛾也有明显的毒杀、拒食或生长抑制作用。

4. 化学防治

（1）防治指标

草地贪夜蛾的为害状十分典型，田间调查以观测和统计被害植株为主。目前参照国外的经验（在美洲、非洲等国家采用的防治指标），玉米心叶初期（2～5完全展开叶）平均被害株率20%（10%～30%）时必须施药防治；玉米心叶末期（8～12完全展开叶）平均被害株率40%（30%～50%）时需要用药防治；玉米穗期果穗平均被害率20%（10%～30%）时需要用药防治。目前建议指导农民的防治指标是：玉米苗期被害株率大于5%，大喇叭口期被害株率大于15%，穗期被害株率大于10%。今后随着对草地贪夜蛾研究的深入，将研究和制订出适合我国国情的不同玉米生育时期的草地贪夜蛾防治指标，用于指导草地贪夜蛾的防治。

（2）施药方法

在利用杀虫剂防治草地贪夜蛾时要根据其幼虫的为害特点，在适当时期进行喷雾，要抓住幼虫三龄前进行防治。此外，根据草地贪夜蛾幼虫的取食特点，建议在清晨或傍晚施药。施药时，要根据田间种群监测及经济为害水平来指导用药，同时要根据农药使用说明书推荐的浓度和剂量适量喷洒，并注意药剂的轮换使用。喷药要将药喷洒在玉米心叶、雄穗和雌穗等易受草地贪夜蛾为害的关键部位。

（3）用药种类

用药时，要充分考虑化学农药给人类健康、环境安全和生物多样性带来的影响，避免使用高毒农药。根据国家立法和国际准则，选择国际上已经注册登记、允许使用的农药来防治草地贪夜蛾。目前农业农村部推荐的草地贪夜蛾应急防治用药品种如下（农农发〔2020〕1号）：

单剂（8种）：甲氨基阿维菌素苯甲酸盐、茚虫威、四氯虫酰胺、氯虫苯甲酰胺、虱螨脲、虫螨腈、乙基多杀菌素、氟苯虫酰胺。

生物制剂（6种）：甘蓝夜蛾核型多角体病毒、苏云金杆菌、金龟子绿僵菌、球孢白僵菌、短稳杆菌、草地贪夜蛾性引诱剂。

复配制剂（14种）：甲氨基阿维菌素苯甲酸盐·茚虫威、甲氨基阿维菌素苯甲酸盐·氟铃脲、甲氨基阿维菌素苯甲酸盐·高效氯氟氰菊酯、甲氨基阿维菌素苯甲酸盐·虫螨腈、甲氨基阿维菌素苯甲酸盐·虱螨脲、甲氨基阿维菌素苯甲酸盐·虫酰肼、氯虫苯甲酰胺·高效氯氟氰菊酯、除虫脲·高效氯氟氰菊酯、氟铃脲·茚虫威、甲氨基阿维菌素苯甲酸盐·甲氧虫酰肼、氯虫苯甲酰胺·阿维菌素、甲氨基阿维菌素苯甲酸盐·杀铃脲、氟苯虫酰胺·甲氨基阿维菌素苯甲酸盐、甲氧虫酰肼·茚虫威。

本推荐名单有效时间截止到2021年12月31日。

五、分区治理对策

1.防控策略

按照"长短结合、标本兼治"的原则，以生态控制和农业防治为基础，生物防治和理化诱控为重点，化学防治为底线，实施"分区治理、联防联控、综合治理"策略。坚持"治早治小、全力扑杀"，集中发生区组织统防统治和群防群治，零星发生区开展带药侦察点杀点治。

2.分区治理对策

在技术路线上，以虫源地种群控制为关键，调整作物种植结构或播期，保护利用天敌，实施以生物防治为基础，科学、安全、合理使用化学农药的策略，持续压低种群数量；在关键技术上，注重作物多样性、品种多样性、措施多样性；在防控机制上，根据发生时间开展协调防控，将群防群治与统防统治相结合。

（1）周年繁殖区

主要包括海南、云南、广东、广西、福建、四川、贵州等省份的热带和南亚热带气候分布区。这一区域常年有玉米种植，且气候适合，是草地贪夜蛾周年繁殖区。特别是冬季鲜食玉米的种植为草地贪夜蛾在南部地区的越冬提供了优越的寄主条件，为来年草地贪夜蛾在全国范围的发生提供了虫源。因此，针对南部地区要加强可持续治理和关键时期防控，控制当地为害，减少迁出虫量。冬、春季节重点关注周年繁殖区的玉米田，压低春季向北扩散蔓延的虫源基数，春季重点在华南和西南南部冬玉米区实施群防群治与统防统治相结合，压低一代基数。防治上要借助南部地区植被多样、天敌昆虫资源丰富的特点，充分利用生态防控。

（2）迁飞过渡区

主要包括福建、湖南、江西、湖北、江苏、安徽、浙江、上海、重庆、四川、贵州、陕西等省份的中亚热带和北亚热带气候分布区。5月中旬开始，伴随西南季风，草地贪夜蛾可从南部地区进一步迁飞至此区域，繁殖1代后或做短暂停留继续北迁，6～7月可迁入黄淮海及北方玉米主产区。针对中部迁飞过渡区，春末夏初应对入侵扩散区实施统防统治，提高防控效率、效果，减少虫源迁出数量。

（3）黄淮海及北方玉米主产区（重点防范区）

黄淮海及北方玉米主产区主要包括河南、河北、北京、天津、山东、山西、江苏、安徽、陕西、黑龙江、吉林、辽宁、内蒙古、宁夏等省份的温带气候区。黄淮海及北方玉米主产区的玉米产量高低直接影响国家粮食安全，是草地贪夜蛾夏季迁入为害区和重点防范区。受春季与夏季盛行西南季风的影响，我国南部地区的草地贪夜蛾主要向北和东北方向迁飞扩散，6～7月将分别迁入黄淮海及北方玉米主产区。因此，6月开始，要加强虫情监测预报，密切关注玉米苗期到抽雄吐丝期草地贪夜蛾的发生为害情况，做好关键时期的应急防控。根据虫情监测结果，对集中降落区的迁入代成虫进行理化诱控，对幼虫进行药剂防治，将危害损失控制在最低。

六、草地贪夜蛾基础知识及
常见防控应用技术问答

（一）基础知识

1. 什么是草地贪夜蛾？

草地贪夜蛾 [*Spodoptera frugiperda* (J.E.Smith)] 是源自于中美洲和南美洲，具有广泛杂食性、强迁飞能力、高繁殖能力，但不具有滞育能力的农业害虫。该虫在幼虫阶段对作物造成危害，且食量大，对有重要经济价值的大田作物和部分经济作物可能造成严重危害。

2. 我国是否能根除草地贪夜蛾？

不能，草地贪夜蛾将成为我国常发性重大害虫。在我国南部地区草地贪夜蛾可周年繁殖，并且西南边境的虫源会持续不断地侵入我国。

3. 被草地贪夜蛾为害的玉米是否可以安全食用？

草地贪夜蛾主要取食玉米叶片，偶尔也会侵入玉米穗部为害。通常草地贪夜蛾为害过的玉米穗不会再被人类食用。尽管草地贪夜蛾造成的直接破坏不会影响玉米的食用安全性，但可导致玉米上更易出现霉变，产生有害物质。

4.草地贪夜蛾会和别的害虫混合发生吗?

会,在田间我们观察到,在低龄幼虫阶段草地贪夜蛾和甜菜夜蛾等害虫的幼虫混合为害玉米心叶的情况,也有草地贪夜蛾和黏虫共同为害同一果穗的情况。但是由于草地贪夜蛾幼虫四龄后具有自相残杀习性,所以高龄幼虫往往单独为害。

5.是否有其他害虫和草地贪夜蛾幼虫具有相似的识别特征?

是的,在实际调查中发现,还有别的害虫幼虫腹部末端背面有黑色斑点,如黄地老虎,或者头部有倒Y形纹,如斜纹夜蛾高龄幼虫。所以在鉴别的过程中,需要综合对比多项特征,拿捏不准时可以请专家协助鉴定,或者直接送样基因检测确认。

6.草地贪夜蛾只为害玉米吗?

草地贪夜蛾不仅仅为害玉米,尽管它对玉米的为害引起了人们更多的关注和重视,但它还可为害80多类作物,其中包括30多种有重要经济价值的作物。草地贪夜蛾常见寄主有玉米、水稻、高粱、小麦、棉花、甘蔗、大豆、花生等。

7.只有水稻型草地贪夜蛾才为害水稻吗?

不是。玉米型草地贪夜蛾也可能为害水稻,而且由于草地贪夜蛾玉米型和水稻型之间经过一百多年(美国对草地贪夜蛾的最早记录是1797年)的繁衍已出现种群杂交情况,这也使玉米型和水稻型草地贪夜蛾之间的区分界线变得越来越模糊。玉米型草地贪夜蛾或两种寄主型杂交的草地贪夜蛾在只有水稻可供其繁衍和生存的情况下,也有可能为害水稻。

8. 草地贪夜蛾雌、雄蛾可以交配多少次？

草地贪夜蛾大多数在晚上10时到翌日凌晨3时之间进行交配，大多数交配时间长于80分钟，平均交配时间130分钟。雌蛾在生命周期内平均交配3.7次，最多可交配11次；雄蛾在一个生命周期中平均交配6.7次，最多可交配15次。交配频率最高的时间段是羽化后的前3个夜间，尽管在整个生命周期内都可以交配，但交配次数随着年龄增长而下降。温度会显著影响交配次数，25～30℃条件下是交配高峰，10～15℃条件下则交配不多。

9. 草地贪夜蛾雌虫可以产多少卵？

草地贪夜蛾雌虫一般在夜间产卵，偶见白天产卵。产卵较为集中，形成卵块，每卵块由100～200粒卵组成，一头雌蛾在一生中平均产卵量为1 500～2 000粒。在夏天，卵块历时2～3天即可孵化出幼虫。

10. 温度对草地贪夜蛾的发育和生长有何影响？

国外研究显示，温度对草地贪夜蛾生长发育、存活、繁殖和种群增长等生物学特性影响显著。就卵而言，在18～32℃时孵化率最高，在持续18℃时，卵的发育很慢，存活率也很低。因此，低于18℃时，卵的存活率和孵化率都会大大降低。草地贪夜蛾产卵的最佳温度是18～26℃。在南非，草地贪夜蛾的最佳生长发育温度是26～32℃，在18～30℃条件下发育速度直线上升，幼虫存活率在26～32℃条件下最高。18℃时蛹平均发育历期为30.68天，26℃时约为11天，32℃时约为7.82天，当温度升高至33℃时，蛹平均发育历期又增加到约17天。18℃左右时幼虫的发育历期为71天，32℃时幼虫的发育历期为20天。国外学者基于各种不同温度对草地贪夜蛾发育速度的影响所作的线性回归分析表明，该虫卵的发育起点温度为13℃左右，幼虫的发育起点温度为12℃左右，蛹的发育起点温度为13℃左右。通过温度与草地贪夜蛾生物学特性关系的参数，可推测其在某个特定地点是否可以越冬，何时开始孵化，幼虫的发生时间和下一代幼虫可能发生的时间等。

11. 草地贪夜蛾雌虫偏好在玉米、高粱、棉花和大豆的哪些部位产卵？

国外研究显示，草地贪夜蛾通常会在玉米第四至九茎节之间的叶片上产卵，偏好在第七茎节附近的叶片上产卵。在高粱第三至九茎节之间的叶片上产卵，偏好在第六茎节附近的叶片上产卵。在棉花第五至九茎节之间的叶片上产卵，偏好在第七茎节附近的叶片上产卵。在大豆第四至九茎节上产卵，偏好第六茎节附近的叶片上产卵。在以上4种作物上，该虫偏好产卵于叶背，其中在棉花和大豆上100%产于叶背，在高粱上92%产于叶背，在玉米上70%产于叶背。掌握上述指示性数据，便于在这些作物上寻找草地贪夜蛾卵块。

12. 草地贪夜蛾幼虫喜欢为害玉米的哪些部位？

草地贪夜蛾主要为害玉米茎、叶和穗，特别是玉米生长点。在干旱等极端条件下，会为害玉米的根部。除对玉米直接为害外，还会使受损的玉米产生黄曲霉素，严重影响玉米品质。

13. 草地贪夜蛾可以在我国哪些区域越冬？

参照草地贪夜蛾在北美洲的越冬区域，即北纬30°附近以南的得克萨斯州和佛罗里达州，再参照印度和非洲草地贪夜蛾发生的最北区域，我国同纬度以南（重庆以南）的广大区域都可能是草地贪夜蛾越冬区域。这就意味着如果在这个区域有适合的寄主存在，草地贪夜蛾就可能会在我国越冬。草地贪夜蛾在我国可越冬区域比在美国可越冬区域大很多，这在一定程度上加大了我国防控草地贪夜蛾的难度。

14. 草地贪夜蛾可以在我国哪些区域发生和造成危害？

草地贪夜蛾在北美洲可北迁至北纬45°附近的加拿大南部，向西北部可扩散至西经100°的落基山脉以东附近的蒙大拿州，推测草地贪夜蛾可在我国东部广大区域发生和造成危害，可北迁至北纬45°附近的哈尔滨以南，向西北部可扩散到东经100°附近的成都、兰州以东。这些区域是我国主要粮食作物小麦、玉米、水稻和经济作物大豆、花生的主要产区，因此，其对我国粮食安全可能造成的影响不可小视。

（二）识别特征

1. 如何识别草地贪夜蛾幼虫？

草地贪夜蛾幼虫共有6个龄期，老熟幼虫的体长为30～40毫米。头部青黑色、橙黄色或红棕色，显著特征是高龄幼虫头部有白色或浅黄色倒Y形纹。体色因环境的不同会有黄色、绿色、褐色、深棕色、黑色等。通常幼虫背部有3条黄色条纹，紧接着是1条黑色条纹，侧面有1条黄色条纹。腹节每节背面有4个长有刚毛的黑色或黑褐色斑点。第八、九腹节背面的斑点显著大于其他各节斑点，第八腹节4个斑点呈正方形排列。

4个黑点排列成方形

倒Y形纹

草地贪夜蛾幼虫识别特征

2.如何识别草地贪夜蛾成虫？

草地贪夜蛾雌蛾体长18～20毫米，翅展42～45毫米，雄蛾体长15～18毫米，翅展40～41毫米。体色呈淡黄褐色或淡灰褐

雄虫背面观　　　　　　　　　　雄虫腹面观

雌虫背面观　　　　　　　　　　雌虫腹面观

草地贪夜蛾成虫识别特征

色，有的稍显红褐色，雄蛾体色较深，复眼较大，赤褐色，触角丝状，前翅与体色相同，散布细微褐色小点，翅膀内有两个淡黄色、近圆形的斑纹，下角有1个明显的白点，翅尖有1条黑纹，斜伸至内缘末端1/3处，外缘有7个小黑点，毛与翅同色。后翅内呈淡灰色，向外方逐渐变为棕色。

3.如何分辨草地贪夜蛾和亚洲玉米螟 (*Ostrinia furnacalis* Guenée) 雄性成虫？

这两种害虫的外观差异很明显，首先大小不同，草地贪夜蛾雄虫体长15～18毫米，明显大于亚洲玉米螟雄虫10～13毫米。体色也不同，草地贪夜蛾体色呈赤褐色，而亚洲玉米螟则呈黄褐色。最主要的区别是翅面的纹路不同，草地贪夜蛾前翅翅面有椭圆形的环形斑，环形斑下角有一白色楔形纹，翅外缘有一明显的近三角形白斑。亚洲玉米螟前翅有两条褐色波状横纹，两纹之间有两条黄褐色短纹，后翅呈灰褐色。

4.如何分辨草地贪夜蛾和劳氏黏虫 (*Leucania loreyi* Duponchel) 雄性成虫？

草地贪夜蛾雄性成虫体长15～18毫米，劳氏黏虫雄性成虫体长14～17毫米。草地贪夜蛾体色呈赤褐色，劳氏黏虫呈灰褐色。主要区别是草地贪夜蛾前翅有环形纹和肾形纹，且环形纹为褐色，边缘为黄色或白色，而劳氏黏虫前翅无环形纹和肾形纹。草地贪夜蛾前翅外缘有一明显的近三角形白斑，后翅呈灰白色。劳氏黏虫翅中室下角有一小白点，翅中室基部有一暗褐色条纹，前翅顶角有一三角形暗褐色斑，缘线也为一系列黑点。

5.如何分辨草地贪夜蛾和东方黏虫 (*Mythimna separata* Walker) 雄性成虫?

这两种害虫个体大小较为接近,草地贪夜蛾雄性成虫体长15 ~ 18毫米,东方黏虫雄性成虫体长17 ~ 20毫米。草地贪夜蛾雄性成虫体色赤褐色,东方黏虫一般为黄褐至灰褐色。草地贪夜蛾和东方黏虫前翅都有椭圆形的环形斑,草地贪夜蛾肾形斑不明显,环形斑下角有一白色楔形纹,翅外缘有一明显的近三角形白斑。东方黏虫的环形斑下方有一明显小白点,小白点两侧各有一小黑点,翅尖有一黑纹。

6.如何分辨草地贪夜蛾和棉铃虫 (*Helicoverpa armigera* Hübner) 雄性成虫?

这两种害虫雄性成虫个体大小相似,草地贪夜蛾雄性成虫体长15 ~ 18毫米,棉铃虫雄性成虫体长15 ~ 18毫米。草地贪夜蛾雄性成虫赤褐色,棉铃虫雄性成虫灰绿色。草地贪夜蛾雄性成虫前翅有椭圆形的环形斑,肾形斑不明显,环形斑下角有一白色楔形纹,翅外缘有一明显的近三角形白斑,棉铃虫雄性成虫环纹的黑色环线不明显,常只见一黑心状斑,肾纹也很模糊,但几乎充满黑色,后翅横脉纹明显。

7.如何分辨草地贪夜蛾和斜纹夜蛾 (*Spodoptera litura* Fabricius) 雄性成虫?

在实际的田间实践过程中,最容易混淆的是草地贪夜蛾和斜纹夜蛾雄性成虫。斜纹夜蛾雄虫体长为16 ~ 20毫米,而草地贪夜蛾比斜纹夜蛾小,体长为15 ~ 18毫米。草地贪夜蛾前翅肾形纹更明显,斜纹夜蛾则不太明显;斜纹夜蛾两前翅翅尖白色斑由两侧逐渐由深变浅能连成片，而草地贪夜蛾前翅翅尖白色斑则呈一条线；斜纹夜蛾前胸腹面两侧有两撮颜色较深的鳞毛，草地贪夜蛾则没有。

8. 如何分辨草地贪夜蛾和莴苣冬夜蛾（*Cucullia fraterna* Butler）雄性成虫？

莴苣冬夜蛾雄性成虫的体长比草地贪夜蛾略长，二者体色及翅面的纹路差异也很明显。草地贪夜蛾前翅有椭圆形的环形斑，肾形斑不明显，环形斑下角有一白色楔形纹，翅外缘有一明显的近三角形白斑。莴苣冬夜蛾前翅灰色或杂褐色，翅脉黑色，内横线黑色，呈深锯齿状，肾纹黑边隐约可见，缘线具1列黑色长点，后翅黄白色，翅脉明显。

9. 如何分辨草地贪夜蛾和旋幽夜蛾（*Scotogramma trifolii* Rottemberg）雄性成虫？

草地贪夜蛾雄性成虫个体略大于旋幽夜蛾，草地贪夜蛾雄性成虫体长为15～18毫米，旋幽夜蛾雄性成虫体长为12～15毫米。草地贪夜蛾前翅环形纹为褐色，边缘为黄色或白色，旋幽夜蛾前翅灰色或淡褐色，环纹灰黄色，黑边。草地贪夜蛾前翅肾形斑不明显，旋幽夜蛾肾形纹灰色黑边，内有黑褐色纹，后半部模糊。草地贪夜蛾环形斑下角有一白色楔形纹，翅外缘有一明显的近三角形白斑。旋幽夜蛾缘线有1列黑点，后翅前缘区及端区暗褐色。

10. 玉米型草地贪夜蛾和水稻型草地贪夜蛾外形如何区别？

玉米型草地贪夜蛾和水稻型草地贪夜蛾在外形上是一样的，无法区分。这两个型在基因方面的区别可以通过基因检测鉴定出来。另外，目前国外研究成果已揭示出它们在不同寄主作物上的繁育生长和对化学农药的抗性有些差异。但是，由于玉米型草地贪夜蛾同样可能为害水稻，水稻型草地贪夜蛾也可能为害玉米，因此，在实际监测和防控工作中对这两个型的草地贪夜蛾应予以同等程度的重视和关注。

（三）监测与防控技术

1.草地贪夜蛾性诱剂会诱到其他昆虫吗？

草地贪夜蛾性信息素由多种成分组成，其中某些成分可能同其他夜蛾科昆虫性信息素相同，因此，草地贪夜蛾性诱剂在田间有诱到其他昆虫的可能性。在国内草地贪夜蛾性诱剂可诱到的害虫包括莴苣冬夜蛾、劳氏黏虫和旋幽夜蛾。虽然如此，合格的草地贪夜蛾性诱剂应该尽量避免诱到这些非靶标害虫。

2.如何选择草地贪夜蛾性诱芯？

目前国内草地贪夜蛾性诱芯就其载体而言有3种不同形状，即橡皮头状、毛细管状和缓释条。橡皮头状和毛细管状性诱芯在国内外均广泛使用，其优点是制造工艺简单、成本低廉，其缺点是田间持效期短和性信息素含量不标准。特制缓释条是深圳百乐宝生物农业科技有限公司最新推出的一种性诱芯，其优点是田间持续期长和每个诱芯中性信息素含量既标准又稳定，但这种性诱芯制造工艺复杂且制造成本相对较高。

选择草地贪夜蛾性诱芯主要考虑4个方面的因素：一是诱芯中性信息素纯度高、含量足和稳定性好，这是保证在田间稳定发挥效果的前提条件；二是灵敏度高，能够准确地反映田间草地贪夜蛾种群动态；三是田间持续期长，可减少更换的人工成本；四是专一性强，即诱到非靶标害虫的概率低。

橡皮头状诱芯

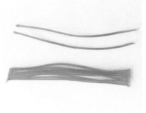

毛细管状诱芯

缓释条诱芯

3. 如何选择和装配草地贪夜蛾诱捕器？

根据国外大量文献资料显示的实验结果和在国内田间使用的实际情况，对草地贪夜蛾诱集作用比较好的3种诱捕器分别是电击式诱捕器、船形诱捕器和桶形绿顶盖诱捕器。

电击式诱捕器

船形诱捕器

桶形绿顶盖诱捕器

电击式诱捕器优点是诱杀效率高，诱杀到的草地贪夜蛾虫量大，是后两种诱捕器平均诱虫量的10～12倍，但是该诱捕器结构复杂，使用成本高，在田间维护保养不容易，电力供应不稳定，不适合大面积推广使用，只适合在有稳定电源的固定场所由专业人员操作使用。

船形诱捕器的优点是成本低廉，结构简单，易于操作和大规模使用，对草地贪夜蛾的诱虫量也较高。但其缺点是开口大，其他昆虫容易误撞，防雨水和防风性不好，需定期更换粘虫板（特别是虫口高峰时每天都要更换），受灰尘、杂物、雨水等外来因素影响大。因此，该诱捕器对于雨水多、风大的地区不适用。由于其诱虫量相对较大，对于在短时间内做虫量调查和有昆虫识别能力的专业人士很适用。

桶形绿顶盖诱捕器优点是诱虫量相对较大，其他昆虫误撞飞入的可能性小，不需定期换粘板，在田间不受雨水、风力影响，不需持续维护，坚固耐用并可重复使用。但与船形诱捕器比，其结构相对复杂，单次使用成本相对较高，需要加入含洗涤剂的少量水在桶中防止草地贪夜蛾逃逸，在无水的情况下草地贪夜蛾可能会逃逸。

综合各种利弊因素，桶形绿顶盖诱捕器是目前广泛用于草地贪夜蛾监测的诱捕器。联合国粮食及农业组织在非洲也推荐使用该款式的诱捕器作草地贪夜蛾监测用。

组成部件

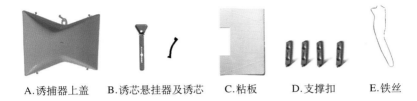

A.诱捕器上盖　　B.诱芯悬挂器及诱芯　　C.粘板　　D.支撑扣　　E.铁丝

安装步骤

1.将部件B从部件A顶部孔插入，再卡入诱芯。
2.按部件C上的折痕将粘板压成船形。
3.将部件D的扣端由外向内扣入部件C四边的孔，再将部件D的孔端与部件A
　外部扣连接并固定。
4.用部件E从部件A顶部孔中穿入，用于田间固定时使用。

部件E

部件A

部件B
诱芯悬挂如图

部件D

部件C
胶面向上，底部有1排水孔

组装完成

使用方法

1.通过诱捕器部件E的铁丝，将船形诱捕器悬挂固定于田间。
2.诱捕器置于田间时，离地1.2～1.5米高，不需高于作物顶部。
3.成虫扬飞前使用，定期清理粘板上的害虫，粘板无黏性后及时更换，以确
　保诱捕效果。

船形诱捕器安装与使用说明

组成部件

A.遮雨盖   B.诱芯放置器   C.诱捕器上盖   D.诱捕器桶身

安装步骤

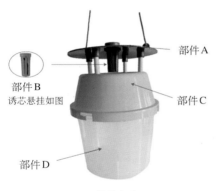

部件A

部件B
诱芯悬挂如图

部件C

部件D

组装完成

1. 把诱芯放入部件B内盖紧。
2. 将"步骤1"的部件B由上而下放入部件A上方圆孔处固定，完成诱芯安装。
3. 将部件C顶部支柱对应遮雨盖底部孔柱，按压固定。
4. 在部件D桶身内加少量带有微量洗涤剂的水。
5. 将"步骤3"安装好的部分放置在部件D上方，桶盖底部与桶身为便捷卡口，旋转固定，完成诱捕器组装。

使用方法

1. 可通过部件A顶部的绳索将诱捕器悬挂固定。
2. 诱捕器置于田间时，离地1.2 ～ 1.5米，不需高于作物顶部。
3. 成虫扬飞前使用，定期清理桶内害虫，以确保诱捕效果。

桶形绿顶盖诱捕器安装与使用说明

4.一个草地贪夜蛾性诱监测点应该设置多少个性诱装置?

应根据田间虫口情况和监测目的来确定每个草地贪夜蛾监测点的诱捕装置（包括性诱芯和诱捕器）数量。一般情况下，一个监测点设置3～5套诱捕装置，诱捕装置共覆盖90～150亩*的范围。如果监测点的诱捕装置过少，比如一个村或一个镇范围内设置一套诱捕装置，在虫口低的情况下，可能无法监测到虫口实际发生情况。

5.草地贪夜蛾监测点应该何时设置为宜?

应根据前一年内当地草地贪夜蛾的发生时间、作物出苗时间或监测目的来确定监测点的设置时间。在常年发生区内，为了系统性调查目的而设置的监测点，应该常年设置和保持。

6.作监测用的草地贪夜蛾性诱捕装置设置高度和密度是多大?

作监测用的草地贪夜蛾诱捕装置（包括性诱芯和诱捕器）的设置高度为1.2～1.5米，不需高于作物顶部，密度为20～30亩设施一套诱捕装置。

7.草地贪夜蛾性诱捕器的设置方式在高、矮作物上是否有不同?

根据我国《农作物害虫性诱监测技术规范（夜蛾类）》（NY/T 3253—2018）规定，草地贪夜蛾性诱芯及诱捕器在监测大田作物的害虫发生情况时，因作物的高矮，诱捕器设置方式应不同。

---

* 亩为非法定计量单位，15亩=1公顷。全书同。——编者注

①低矮作物田。诱捕器设置在观察田中，每块田设置3～5个重复，相距至少50米，呈正三角形设置，每个诱捕器与田边距离不少于5米。

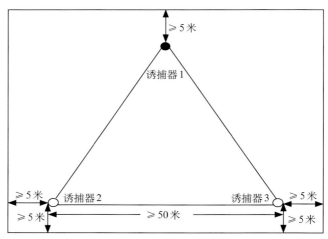

低矮作物田诱捕器设置方式

②高秆作物田。高秆作物选择田埂走向与当地季风风向垂直的田块，诱捕器设置于田边方便操作的田埂上，3～5个重复放于同一条田埂上，与田边相距1米左右，诱捕器间距至少50米。

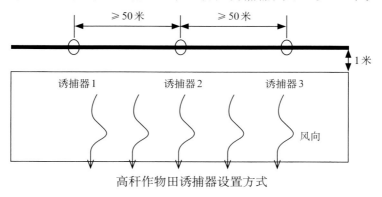

高秆作物田诱捕器设置方式

8.设置草地贪夜蛾性诱捕装置如何防止相互干扰？

为了防止草地贪夜蛾性诱芯和诱捕器与其他害虫的性诱芯、其他信息素产品（如食诱剂）和诱捕器之间相互干扰，应特别注意隔离并分开存储相应材料（包括诱芯和诱捕器），使用性诱芯时，建议佩戴手套，重复使用旧的诱捕器时，应先清洗确认旧的诱捕器内已没有其他害虫的性信息素残留。

9.小农户如何快速了解自家地里草地贪夜蛾的为害情况？

参照联合国粮食及农业组织田间巡查的方法，可按下面的方法做。选择一块全部种植玉米的地块，大约15亩，在田间以画W的方式行走，让行走的W形路线可以覆盖整块农田。

在开始处以及每个拐点处，连续检查10棵植株。这10棵植株称为一个位点。仔细检查每棵植株的心叶，查找新近受损的叶片

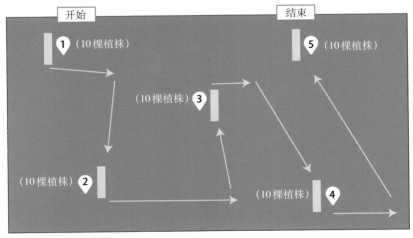

田间巡查方法路线

或心叶上的新鲜蛀屑。若有新鲜蛀屑，表明心叶上有活体幼虫，可能还有成虫，但不需要一定找到幼虫。老叶片受损，但没有明确的当前损伤迹象的植株不要统计在内。只需记录当前受损的植株数量。用这种方式跟踪当前受损的植株数量并记入下表。假如调查的50棵植株中受害植株总数为 $6+4+4+5+7=26$，故100棵植株数量翻倍为 $26×2=52$，则受害植株占比为52%。农户通过这个简单的方法就可以估算出自己田地里草地贪夜蛾的为害情况。

调查被害株记录表

调查日期：　　　　　　　　调查地点：　　　　　　　　调查人：

调查点1		调查点2		调查点3		调查点4		调查点5	
调查株	被害株	调查株	被害株	调查株	被害株	调查株	被害株	调查株	被害株
1		1		1		1		1	
2		2		2		2		2	
3		3		3		3		3	
4		4		4		4		4	
5		5		5		5		5	
6		6		6		6		6	
7		7		7		7		7	
8		8		8		8		8	
9		9		9		9		9	
10		10		10		10		10	

10. 为什么要抓住幼虫三龄以前防治草地贪夜蛾？

答：由于草地贪夜蛾高龄幼虫会躲藏在玉米组织内部或排泄物下面，并且高龄幼虫耐药性增强，且具有暴食习性（六龄幼虫取食量占整个幼虫期取食量的80%），所以为了提高防效，保护作物，要抓住幼虫三龄前的关键时期防治。

11. 白僵菌和绿僵菌等生物制剂有什么特点，是否可以和化学杀虫剂混用？

答：白僵菌、绿僵菌在实际生产应用中具有安全、对低龄害虫防效高、具有持续控制的作用。与其他生物/化学杀虫剂混合使用时明显增效，达到速效、持效的效果，并且有助于延缓抗药性产生。

12. 用性诱剂监测防控草地贪夜蛾为什么有时效果不理想？

答：目前国内使用的草地贪夜蛾性诱剂产品都是根据国外的研究成果配比研制的，可能存在某些微量组分配比不协调的问题。并且根据有关文献报道，不同地理区域的性诱剂成分配比存在差异，我国在这方面正在加紧试验研究，完善性诱剂组分和使用方法。还有一种情况是对于草地贪夜蛾新入侵地区，在虫量分散密度较低的情况下，诱控效果也会打折扣。

13. 为什么同一地区尽量避免晚种和交替种植？

答：因为晚种或交替种植将持续为草地贪夜蛾提供最喜欢的寄主和食物（幼嫩的玉米植株）。2018年1月，肯尼亚的农民田间学校报告，与邻近早种玉米地相比，草地贪夜蛾导致晚种玉米地严重减产。

14."推拉"（趋避-诱集）技术的原理是什么？应用前景如何？

答：趋避-诱集技术是一种高效低成本的技术，从非洲经验来看，当地农民在玉米田间种植山蚂蝗属植物，发挥趋避作用，在玉米田边种植象草、臂形草属杂草，发挥诱集作用，减少草地贪夜蛾在玉米田间产卵量，降低为害程度。

15.是否建议针对防治草地贪夜蛾进行空中施药？

答：不建议。具有破坏性的生命阶段（幼虫）常常会在玉米心叶内打洞，导致空中施药效果很差，反而将农药施用在大片非靶标栖息地上，造成药剂浪费和环境污染。

16.草地贪夜蛾药剂防控中有哪些注意事项？

答：用一句话概括为"用好药，好好用药，少用药"。"用好药"是指要根据防控用药的有效性、安全性和经济性选择合适药剂；"好好用药"是指要根据草地贪夜蛾的发生为害规律、作物生育期及易受害的关键部位用药防治；"少用药"是指同一类型或作用机理的药剂尽量避免重复使用，要注意交替轮换用药，尽量抓住卵孵化盛期和低龄幼虫期防治，能够减少用药量，提高防效。

17.在我国防控草地贪夜蛾为什么要实施分区治理的策略？每个区域的策略有什么侧重点？

答：这是根据草地贪夜蛾的生物学习性、迁飞规律、我国的地理气候特征和种植模式等要素综合考量后确定的。周年繁殖区常年有玉米种植，且气候适宜，特别是冬季鲜食玉米的种植为草地贪夜蛾的越冬提供了优越的寄主条件，为来年草地贪夜蛾在全国范围发生提供虫源，这一区域要加强可持续治理和关键时期防控，减少迁出虫源数量，周年监测发生动态，全力扑杀境外迁入虫源，遏制当地为害。迁飞过渡区既有春玉米，又有夏玉米，为草地贪夜蛾的继续北迁提供了一个中转站，这一区域重点减轻当地为害，压低过境虫源基数，4～10月监测害虫发生动态。黄淮及北方玉米产区为大面积连片单一种植模式，玉米面积占该区域农作物种植面积的40%以上，要重点保护玉米生产，降低为害损失率，5～9月监测虫情发生动态，诱杀成虫，扑杀幼虫。

18.各地制订草地贪夜蛾防控技术方案时有什么注意事项？

答：首先要明确方案制订目的，为植保体系提供技术引领，为社会化服务组织提供技术导向，为广大农户（防治主体）提供技术指导。其次要围绕应急防控和可持续治理两大方面，遵循综合防治的原则。同时要明确各自区域的防控目标和任务、关键时间节点、监测调查方法以及工作机制、保障条件等。

19.农业技术人员要知道什么才能做好草地贪夜蛾的宣传、培训和防控工作？

答：能够识别和区分草地贪夜蛾、甜菜夜蛾、斜纹夜蛾、黏虫、棉铃虫等，知道各阶段的草地贪夜蛾在植物的什么部位为害，怎样取食植物，认识其为害状，知道草地贪夜蛾除玉米以外其他主要寄主植物（特别是当地种植的作物），知道地里有哪些草地贪夜蛾的天敌，理解害虫综合防治的基本原则，了解当前草地贪夜蛾综合防控方案并且能在实际中应用。

主 要 参 考 文 献

郭井菲, 静大鹏, 太红坤, 等, 2019. 草地贪夜蛾形态特征及与3种玉米田
　为害特征和形态相近鳞翅目昆虫的比较 [J]. 植物保护, 45(2): 7-12.

郭井菲, 赵建周, 何康来, 等, 2018. 警惕危险性害虫草地贪夜蛾入侵中国[J].
　植物保护, 44(6): 1-10.

江幸福, 张蕾, 程云霞, 等, 2019. 草地贪夜蛾迁飞行为与监测技术研究进
　展 [J]. 植物保护, 45(1): 12-18.

姜玉英, 刘杰, 朱晓明, 2019. 草地贪夜蛾侵入我国的发生动态和未来趋
　势分析 [J]. 中国植保导刊, 39(2): 33-35.

刘杰, 姜玉英, 刘万才, 等, 2019. 草地贪夜蛾测报调查技术初探[J]. 中国
　植保导刊, 39(4): 44-47.

秦誉嘉, 蓝帅, 赵紫华, 等, 2019. 迁飞性害虫草地贪夜蛾在我国的潜在地
　理分布 [J/OL]. 植物保护, http://10.16688/j.zwbh.2019269.

全国农业技术推广服务中心, 2019. 2019年草地贪夜蛾防控技术方案(试
　行)[EB/OL]. (2019-03-18) [2019-05-21].http://www.moa.gov.cn/gk/nszd_
　1/2019/201903/t20190318_6176742.html.

吴秋琳, 姜玉英, 胡高, 等, 2019. 中国热带和南亚热带地区草地贪夜蛾春夏两季迁飞轨迹的分析 [J/OL]. 植物保护:1-13[2019-05-22]. https://doi.org/10.16688/j.zwbh.2019207.

杨普云, 常雪艳, 2019. 草地贪夜蛾在亚洲、非洲发生和影响及其防控策略 [J]. 中国植保导刊, 39(6):88-90.

杨普云, 朱晓明, 郭井菲, 等, 2019. 我国草地贪夜蛾的防控对策与建议 [J/OL]. 植物保护. http://10.16688/j.zwbh. 2019260.

张磊, 靳明辉, 张丹丹, 等, 2019. 入侵云南草地贪夜蛾的分子鉴定 [J]. 植物保护, 45(2): 19-24, 56.

赵胜园, 孙小旭, 张浩文, 等, 2019. 常用化学杀虫剂对草地贪夜蛾防效的室内测定 [J/OL]. 植物保护: 1-8[2019-05-22].https://doi.org/10.16688/j.zwbh.2019160.

AYIL-GUTIÉRREZ B A, SÁNCHEZ-TEYER L F, VAZQUEZ-FLOTA F, et al, 2018. Biological effects of natural products against *Spodoptera* spp. [J]. Crop Protection, 114: 195-207.

BUENO R C O D F, CARNEIRO T R, BUENO A D F, et al, 2010. Parasitism capacity of *Telenomus remus* Nixon (Hymenoptera: Scelionidae) on *Spodoptera frugiperda* (Smith) (Lepidoptera: Noctuidae) eggs[J]. Brazilian Archives of Biology and Technology, 53(1): 133-139.

BUTLER J G D, LOPEZ J D, 1980. *Trichogramma pretiosum*: Development in two hosts in relation to constant and fluctuating temperatures[J]. Annals of the Entomological Society of America, 73(6): 671-673.

CÉSPEDES C L, CALDERÓN J S, LINA L, et al, 2000. Growth inhibitory effects on fall armyworm *Spodoptera frugiperda* of some limonoids isolated from *Cedrela* spp. (Meliaceae)[J]. Journal of Agricultural and Food Chemistry, 48(5): 1903-1908.

CRUZ I, FIGUEIREDO M D L C, SILVA R B D, et al, 2012. Using sex pheromone traps in the decision-making process for pesticide application against fall armyworm [*Spodoptera frugiperda* (Smith) (Lepidoptera: Noctuidae)] larvae in maize[J]. International Journal of Pest Management, 58(1): 83-90.

DAY R, ABRAHAMS P, BATEMAN M, et al, 2017. Fall armyworm: impacts and implications for Africa[J]. Outlooks on Pest Management, 28(5): 196-201.

FAO, 2017. Integrated management of the fall armyworm on maize [R]. Rome: Food and Agriculture Organization of the United Nations.

FAO, 2018. FAO's position on the use of pesticides to combat fall armyworm [R]. Rome: Food and Agriculture Organization of the United Nations.

FAO, 2019. Briefing note on FAO actions on fall armyworm (FAW) [R]. Rome: Food and Agriculture Organization of the United Nations.

FAO, 2019. Community-based fall armyworm (*Spodoptera frugiperda*) monitoring, early warning and management[R]. Rome: Food and Agriculture Organization of the United Nations.

GALLO M B, ROCHA W C, DA CUNHA U S, et al, 2006. Bioactivity of extracts and isolated compounds from *Vitex polygama* (Verbenaceae) and *Siphoneugena densiflora* (Myrtaceae) against *Spodoptera frugiperda* (Lepidoptera: Noctuidae)[J]. Pest Management Science, 62(11): 1072-1181.

GIONGO A M, VENDRAMIM J D, FREITAS S D, et al, 2016. Toxicity of secondary metabolites from meliaceae against *Spodoptera frugiperda* (J. E. Smith) (Lepidoptera: Noctuidae) [J]. Neotropical Entomology, 45(6): 1-9.

JOHNSON S J, 1987. Migration and the life history strategy of the fall armyworm, *Spodoptera frugiperda* in the western hemisphere[J]. International Journal of Tropical Insect Science, 8(4-5-6): 543-549.

MONTEZANO D G, SPECHT A, SOSA-GÓMEZ D R, et al, 2018. Host plants of *Spodoptera frugiperda* (Lepidoptera: Noctuidae) in the Americas[J]. African entomology, 26(2): 286-301.

MWANGI D K, 2018. Fall armyworm technical brief - maize crop in Kenya[R]. Nairobi: Ministry of Agriculture, Livestock and Fisheries.

OEPP/EPPO, 2015. PM 7/124 (1) *Spodoptera littoralis*, *Spodoptera litura*, *Spodoptera frugiperda*, *Spodoptera eridania*[J]. Bulletin OEPP/EPPO Bulletin, 45(3): 410-444.

POISOT A S, HRUSKA A, FREDRIX M, et al, 2018. Integrated management of the fall armyworm on maize: A guide for farmer field schools in Africa[R]. Rome: Food and Agriculture Organization.

PRASANNA B M, HUESING J E, EDDY R, et al, 2018. Fall armyworm in Africa: a guide for integrated pest management[R]. Wallingford, UK: CAB International.

SHYLESHA A N, JALALI S, GUPTA A, et al, 2018. Studies on new invasive pest *Spodoptera frugiperda* (J. E. Smith) (Lepidoptera: Noctuidae) and its natural enemies[J]. Journal of Biological Control, 32(3): 1-7.

SPARKS A N, 1979. A review of the biology of the fall armyworm[J]. Florida Entomologist, 62(2): 82-87.

TODD E L, POOLE R W, 1980. Keys and illustrations for the armyworm moths of the noctuid genus *Spodoptera* Guenée from the Western Hemisphere[J]. Annals of the Entomological Society of America, 73(6): 722-738.

图书在版编目（CIP）数据

草地贪夜蛾监测与防控技术手册 ／ 全国农业技术推广服务中心组编；杨普云，魏启文，朱恩林主编．—北京：中国农业出版社，2019.7（2020.11重印）

ISBN 978-7-109-25664-4

Ⅰ.①草⋯　Ⅱ.①全⋯　②杨⋯　③魏⋯　④朱⋯　Ⅲ.①夜蛾科-外来入侵动物-防治-技术手册　Ⅳ.①S449-62

中国版本图书馆CIP数据核字（2019）第129572号

中国农业出版社出版

地址：北京市朝阳区麦子店街18号楼

邮编：100125

责任编辑：阎莎莎

版式设计：王　晨　　责任校对：吴丽婷

印刷：中农印务有限公司

版次：2019年7月第1版

印次：2020年11月北京第5次印刷

发行：新华书店北京发行所

开本：880mm×1230mm　1/32

印张：2.5

字数：78千字

定价：23.00元
